Problemas matemáticos de hermanos

Sumas de tres o más cifras

Título:
PROBLEMAS MATEMÁTICOS DE HERMANOS. SUMAS DE TRES O MÁS CIFRAS

Autores/as:
MANUEL JESÚS CRESPO GARCÍA, NATALIA MITURICH, ANTONIO WANCEULEN MORENO, JOSÉ FRANCISCO WANCEULEN MORENO

Editorial: WANCEULEN EDITORIAL
Sello Editorial: WANCEULEN EDUCACIÓN

ISBN (Papel): 978-84-10017-62-7
ISBN (Ebook): 978-84-10017-63-4

Impresión bajo demanda.

WANCEULEN S.L.
www.wanceuleneditorial.com y www.wanceulen.com
info@wanceuleneditorial.com

1 Manuel está en el nivel 133 de Fortnite y en la temporada anterior llegó al nivel 115. ¿Cuántos niveles ha alcanzado en las dos temporadas?

Datos:

Operaciones:

Solución:

2 Julia tiene un video con 230 visitas en su canal de YouTube y su amiga Paula tiene 265 visitas en otro video en su canal. ¿Cuántas visitas han recibido entre las dos?

Datos:

Operaciones:

Solución:

3 Julia tenía 242 seguidores en TikTok y con un nuevo video ha conseguido 125 seguidores más. ¿Cuántos seguidores tiene ahora?

Datos:

Operaciones:

Solución:

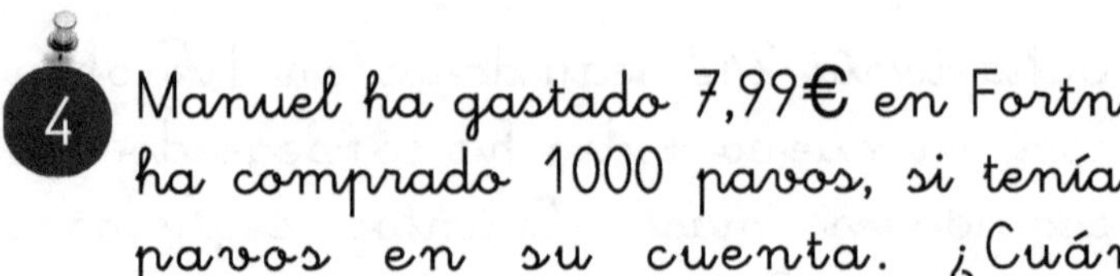

4 Manuel ha gastado 7,99€ en Fortnite y ha comprado 1000 pavos, si tenía 850 pavos en su cuenta. ¿Cuántos pavostendrá ahora?

Datos:

Operaciones:

Solución:

5 Julia llevaba cinco días sin encender su teléfono. Lo ha encendido y tiene 133 mensajes nuevos y 106 llamadas perdidas. ¿Cuántos notificaciones ha recibido en total?

Datos:

Operaciones:

Solución:

6 Manuel se había leído 102 páginas de su libro de "Los Compas perdidos en el espacio" y esta semana se ha leido 146 páginas. ¿Cuántas páginas se ha leído en total?

Datos:

Operaciones:

Solución:

7 Entre todas las jugadoras del equipo de balonmano de Julia han marcado 138 goles en esta temporada y en la temporada pasada 111. ¿Cuántos goles han marcado en estas dos temporadas?

Datos:

Operaciones:

Solución:

8 Manuel tenía pegados en su álbum de cromos de LaLiga 134 cromos y ha conseguido 113 nuevos para pegar. ¿Cuántos cromos tendrá pegados en su álbum ahora?

Datos:

Operaciones:

Solución:

9 Manuel ha visto que en su cuenta de Fortnite tiene 1500 pavos más que antes porque su padre le ha ingresado pavos en la cuenta. ¿Cuántos pavos tiene ahora si antes tenia 350?

Datos:

Operaciones:

Solución:

10 Julia ha metido este año 234 contactos y el año pasado tenía 163 contactos. ¿Cuántos contactos tiene ahora en su agenda?

Datos:

Operaciones:

Solución:

11 Manuel y Julia han ido a comprar chucherías. Manuel se ha gastado 255 céntimos y Julia 240 céntimos. ¿Cuánto se han gastado los dos en chucherías?

Datos:

Operaciones:

Solución:

12 Julia está preparando un postre con su tía Manoli y ha añadido a la receta 245 gramos de harina y después ha añadido otros 350 gramos más. ¿Cuántos gramos de harina lleva la receta?

Datos:

Operaciones:

Solución:

13 Julia quiere comprar un pintauñas que cuesta 260 céntimos y una mascarilla facial que cuesta 230 céntimos. ¿Cuánto quiere gastar Julia?

Datos:

Operaciones:

Solución:

14 Julia tenía en su cuenta de Shein 553 puntos y ha conseguido en esta semana 345 puntos más. ¿Cuántos puntos tiene ahora en su cuenta de Shein?

Datos:

Operaciones:

Solución:

15 Julia quiere ver una película que dura 122 minutos y Manuel quiere ver otra que dura 157 minutos. ¿Cuánto tiempo tendrán que ver la tele si ven las dos películas?

Datos:

Operaciones:

Solución:

16 Julia ha subido un video a TikTok y se ha hecho viral. El día que lo subió tenía 1.323 visitas y hoy tiene 15.636 visitas más. ¿Cuántas visitas tiene ahora?

Datos:

Operaciones:

Solución:

17 Julia ha jugado esta temporada 435 minutos en su equipo de balonmano y la temporada pasada jugó 314 minutos. ¿Cuántos minutos ha jugado en las dos temporada?

Datos:

Operaciones:

Solución:

18 Manuel quiere comprar un pack de Fortnite que vale 2000 pavos, una Skin que vale 1600 pavos y un baile que vale 200 pavos. ¿Cuántos pavos se quiere gastar?

Datos:

Operaciones:

Solución:

19 Julia quiere comprarse en Shein tres camisetas y va a utilizar 325 puntos en una, 241 en otra y 313 en otra. ¿Cuántos puntos va a gastar para comprar las tres camisetas?

Datos:

Operaciones:

Solución:

20 En la clase de Manuel están juntando tapones de plástico para una obra benéfica. Manuel ha llevado 230, Alejandro 125 y Jorge 243. ¿Cuántos tapones han aportado entre los tres?

Datos:

Operaciones:

Solución:

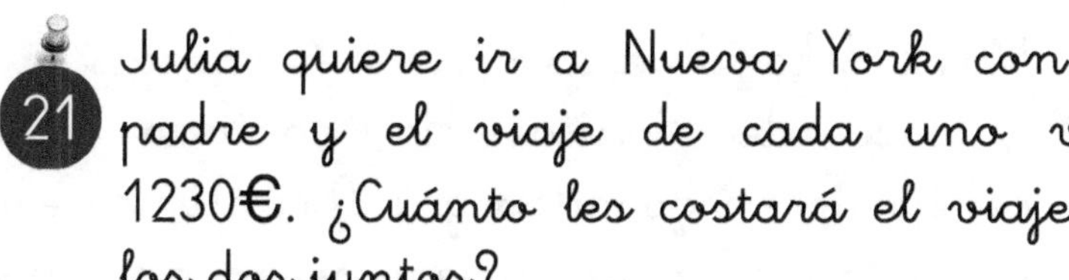

21 Julia quiere ir a Nueva York con su padre y el viaje de cada uno vale 1230€. ¿Cuánto les costará el viaje de los dos juntos?

Datos:

Operaciones:

Solución:

22 Manuel ha ido a comprar chucherías al quiosco de Sarita. Ha gastado 266 céntimos en gomitas y 130 céntimos en paquetes. ¿Cuánto dinero se ha gastado Manuel en el quiosco de Sarita?

Datos:

Operaciones:

Solución:

23 Manuel va a comprar el pase de batalla de la nueva temporada que vale 900 pavos y un baile que vale 100 pavos. ¿Cuántos pavos se va a gastar si hace la compra?

Datos:

Operaciones:

Solución:

24 Manuel quiere ver una película en Netflix que dura 125 minutos y un capítulo de Cobra Kai que dura 32 minutos. ¿Cuántos minutos va a estar viendo Netflix?

Datos:

Operaciones:

Solución:

25 Manuel ha gastado en chucherías 455 céntimos y Julia 330. ¿Cuánto habrá pagado su padre en el quiosco ?

Datos:

Operaciones:

Solución:

www.ingramcontent.com/pod-product-compliance
Lightning Source LLC
LaVergne TN
LVHW010513160826
845677LV00012B/2838
9788410017627